LA VITESSE DE LA LUMIÈRE

Par Old Nick / Nick Pet

Dramatis Personae

Personnages

G1……….. Stuart Mansell

G2……….. Tony Hendon

Jenia…….. Jenia Emmanuelle

Vincent…. Salle Vincent

Thomas…. Alex Hall

Le Narrateur

La Vitesse de la Lumière (Speed of Light).

RÉSUMÉ

Deux frères débarquent sur une île et découvrent un immense entrepôt abandonné. Ils découvrent ce qui pourrait arriver à la vitesse de la lumière. C'est l'histoire de deux histoires qui se sont heurtées pendant une nuit entière. Deux histoires vécues en même temps, mais avec un contenu légèrement différent.

Thomas (15 ans) et Vincent (13 ans) sont deux frères. Un jour, ils décident de s'enfuir de chez eux. Ils débarquent sur une petite île au large de la côte sud de l'Angleterre.

Sur l'île, ils découvrent un immense entrepôt abandonné.

G1 est un petit escroc qui vit dans les toilettes de l'entrepôt abandonné. G1 croit qu'il a une petite amie et rêve d'elle.

Jenia est une jeune fille de 22 ans. Elle a passé la majeure partie de sa vie dans un lotissement.

G1 travaille occasionnellement, il saute sur le bateau vers le continent pour voler des voyageurs. G1 a la trentaine et il a un grave problème de drogue. Il a un compagnon, Kid ou G2, un petit escroc. Comme Thomas, il est également obsédé par un livre intitulé « La Vitesse de la Lumière ». Quand il n'est pas un petit escroc, il le lit tout le temps.

G1 rêve souvent de sa petite amie et certains de ses rêves se déroulant à la vitesse de la lumière traversent les frontières entre rêve et réalité. Un tel moment est un scène de sexe intime entre les deux protagonistes, réelle ou non. Même dans le film, les spectateurs se demandaient si les protagonistes étaient des participants consentants ou si G1 avait effectivement violé sa petite amie.

Les deux frères arrivent à l'entrepôt un beau jour d'été et y restent jusqu'au lendemain.

Épuisés après une longue, frénétique et
effrayante d'aventure du sous-sol au dernier étage, ils s'endorment dans les escaliers. Plus tard, ils se heurtent à G1. A partir de là, le cauchemar commence. Les deux frères sont retenus en otage toute la nuit dans une épreuve violente et sanglante. Au matin, le plus jeune frère se transforme d'un enfant terrifié en un tueur féroce et vengeur et prend le contrôle de la situation.

Ils parviennent à s'échapper; Thomas est grièvement

blessé mais vivant laissant G1 mort derrière.

Parallèlement à l'histoire, Thomas, le frère aîné est obsédé par un roman de science-fiction et passe le plus clair de son temps à raconter et raconter le contenu à son frère et finit par l'agacer au passage.

Le film s'ouvre sur Thomas lisant son livre intitulé: « Vitesse de la Lumière » sur une série d'images.

Scène 1: "Prologue: Les Origines de la Lumière"

Le film commence et se termine à l'intérieur d'un rayon de lumière géant. L'ensemble de l'écran est plongé dans un rayon de lumière de divers degrés d'intensité.

Thomas lit à voix haute son livre intitulé « La Vitesse de la Vie, assis sur le pont supérieur du ferry au milieu de la mer avec Vincent à ses côtés. Ils ne sont visibles que vers la fin de la scène.

Au début, la narration est lue sur une série de graphiques. Les graphismes sont extraits d'un prisme de lumière et affichés à l'écran comme un diaporama.

Thomas

La distance de la Terre à la Lune est d'environ 239 000 milles. C'est extrêmement rapide et en effet, en théorie, rien ne peut voyager plus vite que la vitesse de la lumière. La vie semble voyager d'un endroit à un autre instantanément. Lorsque la lumière est allumée, il n'y a pas de délai entre le moment où nous voyons la lumière pour la première fois et le moment où la lumière éclaire l'extrémité de la pièce. Notre cerveau est lent à détecter les rayons de lumière qui sortent de l'ampoule comme une vague balayant la pièce. Dans l'espace, la lumière semble lente, très lente…

La lumière peut voyager par une distance d'un an. Le retard causé par la vitesse de la lumière peut parfois être remarqué ici sur terre lors d'appels téléphoniques. Les appels interurbains qui ont été enracinés sur un ou plusieurs satellites spatiaux et ont causé un délai d'environ une demi-seconde entre le locuteur et l'auditeur. Tous les rayonnements électromagnétiques entre les ondes radio et les rayons X peuvent voyager à la vitesse de la lumière et dans l'espace, à une vitesse de 300 000 kilomètres par seconde. Nous pouvons même prédire le lien d'onde de l'onde électromagnétique si nous connaissons le temps qu'il faut pour passer à ce que l'on appelle la vitesse de la lumière.

Thomas est maintenant vu sur le ferry, assis et lisant son livre avec son frère Vincent assis à ses côtés.

Le temps est appelé la période T de l'onde. En multipliant la période de la vitesse de la lumière, nous pouvons déterminer le lien d'onde de toutes les ondes ainsi connues sous le nom de vitesse de la lumière.

La lumière peut être vue et interprétée de différentes manières par différentes personnes. Une personne peut voir un événement et une autre personne peut le voir complètement différemment. La lumière peut jouer des tours avec vos yeux. Vous pouvez voir quelque chose ou quelqu'un d'autre et cela peut être le reflet de votre imagination déclenchée par les rayons de la vitesse de la lumière vue par vous-même.

Scène 2: « De l'autre côté de la mer »

Le Narrateur

Dans le port principal, il n'y a que quelques navires et ferries. Peu de gens débarquent dans cette partie du monde; uniquement des pêcheurs principalement et des touristes occasionnels. Au cours d'une décennie donnée en Angleterre, chaque emplacement tend à avoir un statut différent. Une décennie, n'importe quel endroit est un endroit animé, riche et branché et une autre décennie, c'est la dévastation totale. Personne ne veut connaître l'endroit.

Un matin, deux frères en quête d'aventure embarquent à bord d'un navire vers une île mystérieuse au large de la côte sud de l'Angleterre.

Thomas est obsédé par un livre intitulé « La Vitesse de la Lumière ». Il le lit depuis deux ans. Il a emporté son livre en voyage et continue de lire quelques chapitres à son frère. C'est un bon voyage de deux heures jusqu'à l'île mais c'est une belle journée. Les vagues ont tendance à être très hautes ce matin et le vent souffle lentement sur le navire. Le navire est un navire à passagers et un ferry mais il est vide. Les seuls passagers sont les deux frères.

Plus le navire glisse sur l'eau et plus le vent a tendance à souffler. Le vent semble communiquer aux deux frères ce qui les attend dans leur voyage. C'est presque comme une symphonie de bruits, de musique et de son avec des images de ce futur projetées par le vent.

Scène 3: « G1 et G2 »

G1 dort profondément dans l'une des toilettes, sur le siège des toilettes, la porte est fermée. G2 frappe puis frappe à la porte pour réveiller G1.

G2

Il tape à la porte.

Réveille-toi, mec, réveille-toi!

G1

G1 est toujours en transe, les yeux grands fermés.

Quoi?

G2

Il tape encore une fois à la porte.

Réveille toi!

G1

Et les enfants?

G2

Quels putains d'enfants?

G1

Eux sous de l'évier!

G2

Il n'y a personne! Il n'y a jamais personne qui vient ici.

G1

Il y a du sang ici!

G2

Je m'en vait G, je sors d'ici mon gars!

G1

Ne me quitte pas; Je suis toujours tout seul!

G2

C'est ton putain de problème!

G1

Tu as toujours dit que tu allais me quitter mais tu ne le fais jamais.

G2 quitte les toilettes, l'entrepôt et l'histoire.

Scène 4: « Manger du Speed (de la Vitesse) »

G1 imagine qu'il discute avec G2 dans les toilettes. G2 écoute.

G1

Putain quoi? Putain de vitesse? Tu es un black et tu ne peux même pas baiser du tout! Tu ne peux même pas baiser une fille sans lui parler. Toujours en train de lire ce putain de livre! Tu manges du speed, tu ne le lis pas putain!

Scène 5: "La Maison"

Les deux frères se promènent à l'intérieur de la maison.

C'est le milieu de l'après-midi et ils se sentent déjà épuisés par leur voyage. Ils s'endorment tous les deux dans les escaliers. Les rayons du soleil ont pénétré leurs pensées et dès lors, l'aventure commence.

Il commence à faire noir mais ils n'ont pas peur du noir. Ils se promènent dans la maison dans le noir. Pendant un moment, ils ne se parlent pas. Le dialogue ne se passe que dans leur tête. Finalement, lorsqu'il fait trop sombre, Vincent allume son briquet.

Thomas

Mes parents sont des branleurs. Pourquoi les parents ont-ils des enfants quand ils finissent par les jeter ou les maltraiter?

Vincent

Mon frère va bien. Il a eu une petite amie une fois. Ce qu'il ne sait pas, c'est que je suis sorti avec elle aussi.

Thomas

Il y a toujours quelque chose à faire dans une maison abandonnée. Pas comme à la maison.

Vincent

Je commence à en avoir marre de cet endroit de merde, il ne se passe jamais rien ici, vous attendez et attendez et rien. C'est un trou d'enfer.

Thomas

J'aimerais pouvoir venir ici avec ma petite amie. Je peux penser à quelque chose que nous pouvons faire mais je l'ai perdue mon amie. Je suis coincé avec mon frère. Il n'a que treize ans.

Vincent

Je vois toujours la petite amie de mon frère, mais il ne le sait pas. Je sors avec des filles depuis un moment maintenant. Je ne fais rien de lourd mais assez sympa tout de même.

Thomas

Je pourrais pousser mon frère dans les escaliers, cela pourrait l'effrayer. C'est toujours difficile de rencontrer ma copine. Quand on se rencontre c'est toujours dans un coin quelque part, pas dans mon appartement mes parents ne le permettraient pas.

Vincent

Quand je rencontrais la petite amie de mon frère, c'était toujours pour une heure ou deux au moins. Nous avions l'habitude de nous cacher dans un centre commercial quelque part où personne ne peut nous voir.

Thomas

Je suis content que ma copine m'ait quitté. Je n'ai jamais su ce qu'elle voulait. Je devais toujours la forcer à faire des choses. Au début, elle ne voulait rien faire, puis elle avait de nouveau changé d'avis.

Vincent

La copine de mon frère ne veut jamais rien faire. Je dois toujours l'ignorer et toujours faire ce qui me plaît. Il faut quand même être énergique.

Les deux frères se parlent maintenant.

Vincent

Où est ton livre?

Thomas

Je l'ai avec moi

Vincent

Merde. C'est une chose que tu aurais pu perdre... foutu bouquin!

C'est à cause de ton stupide livre que nous sommes coincés ici!

Retour sur leurs réflexions respectives en silence.

Thomas

D'après mon livre, il y a toujours de la lumière même

quand il fait noir. La lumière est invisible à l'œil nu.

Vincent

Au moins, quand il fait noir, mon frère ne peut pas lire son putain de livre. Pourquoi lire sur la lumière quand vous êtes coincé à l'intérieur d'une maison ou d'un livre et dans le noir, dans ce cas.

Ce qui me manque vraiment, c'est quand je suis sur elle et que je me retrouve par terre. Je suis toujours au-dessus d'elle. je sors mon foutre en un seul coup. Avec la petite amie de mon frère, nous avons toujours gardé nos vêtements, c'est beaucoup mieux. Parfois, mon pantalon se retrouve par terre ou à mes pieds. Je dois toujours la forcer à s'asseoir sur une chaise ou sur un siège de toilette.

Thomas

Ce n'est pas dans un endroit comme celui-ci que je risque de rencontrer ma copine.

Vincent

La petite amie de mon frère porte toujours une robe blanche très courte.

Elle est à peine plus grande que moi.

Thomas essaie d'effrayer Vincent et, ce faisant, il pousse son frère par derrière.

Vincent

Ah! Putain de branleur!

Vincent

Qu'y a-t-il là?

Thomas

C'est seulement la porte

Vincent

Qu'y a-t-il là? Qu'y a-t-il là?

Thomas

Stupide idiot! C'est seulement la porte

Vincent

Par ici!

Thomas

Quoi?

Vincent

Par ici!

Thomas

Il n'y a rien là-bas!

Vincent

Par ici

Thomas

Quoi?

Vincent

Il y a quelque chose là-bas… Là, bouge vite!

Thomas

Il n'y a rien là-bas! Arrête de dire ça.

Vincent

Viens vite ici!

Thomas

Quoi?

Vincent

Il y a quelque chose là-bas…

Thomas

Je ne vais pas là-bas!

Vincent

J'ai besoin des toilettes

Thomas

Ok!

Vincent

J'ai vraiment besoin d'aller aux toilettes!

Thomas

Ok!

Vincent

Au cas où vous ne l'auriez pas remarqué, il fait noir ici

Thomas

Je n'ai jamais été ici avant!

Vincent

je pisse ici

Vincent urine dans le noir.

Thomas

Merde! Tu m'as pissé dessus, salle cochon!

Vincent

Je ne vois rien dans le noir

Thomas

Ce n'est pas une raison

Vincent

Je ne l'ai jamais fait dans le noir auparavant. De toute façon c'est fait maintenant. Où allons-nous maintenant?

Thomas

Droit devant!

Vincent tombe par terre.

Vincent

Ah…

Thomas

Qu'est ce que tu fais?

Vincent

Je suis tombé

Thomas

Tu es si maladroit!

Vincent

Il fait sacrément noir…

Alors qu'ils errent dans l'obscurité, G1 est bien conscient de leur présence. Les deux frères étaient assez bruyants. Il les attend, à mi-chemin des escaliers, une arme à la main. Plus haut dans les escaliers, il y a des fenêtres et c'est maintenant aux premières heures du matin; il y a une faible lumière autour.

Les deux frères se sont heurtés à G1 au virage suivant dans les escaliers.

G1

Ne bouge pas, putain! Ne bouge pas, putain!

Les deux frères obéissent. On leur demande de monter à l'étage dans les toilettes principales.

Scène 6: "Prisonnier"

G1

Pourquoi es-tu ici?

Vincent

Quoi?

Tremblant.

G1

Putain mon garçon! Qui a cette putain d'arme?

Vincent

Toi!

G1

Correct!

Vincent

Hmm

G1

Alors, qui d'autre est avec vous?

Vincent

Personne...

G1

Ne me mens pas putain!

Vincent

Mon frère

G1

Qui est ce putain de frère?

Vincent

C'est mon frère !

IL pointe Thomas avec son pouce gauche

G1

Parle à Thomas

Déplace ton putain de cul par ici!

G1

Qui d'autre?

Vincent

Personne, j’ai dit!

G1

Tais-toi. Ferme-la!

Thomas

Personne d'autre!

G1

Je ne te crois pas putain de gueule!

Vincent

C'est ton choix!

G1

Tremblant.

Quel putain de choix?

Vincent

Ton problème...

G1

Quel putain de problème? Tu veux une putain de balle dans ton putain de cerveau? ***Il dirige son revolver sur la tempe de Vincent.***

Vincent

Alors quoi?

G1

Alors quoi? Je n'y crois pas putain! Maintenant, qui d'autre est avec toi?

Thomas

Seulement nous deux

Vincent

Peu après

Nous trois!

G1

Quel putain de trois?

Vincent

Vous et nous!

G1

Personne d'autre?

Thomas

Personne d'autre!

Vincent

Qu'attends-tu de nous?

G1

Trou du cul! Je pose les questions. Ferme ta putain de gueule!

Petite pause: 10 secondes. Vue du visage de chacun.

Vincent

Vincent brise le silence.

Tu as peur?

G1

Va te faire foutre!

Thomas

Nous ne le dirons à personne

G1

Devient très agité.

Tais-toi! Ferme ta gueule!

Un profond silence plonge les toilettes pendant environ une minute. L'anxiété est clairement visible sur le visage

de chacun. G1 pointe toujours l'arme sur la tête de Vincent.

Vincent

Vincent brise le silence.

Cela ne nous mène nulle part…

G1

Fermez-la!

Vincent

Es tu effrayé?

G1

Quoi? Qui a peur? Qui a le revolver ici?

Thomas

Toi!

G1 tourne son visage sur sa gauche vers Thomas et il pointe toujours le pistolet.

G1

Il y a un cul brillant ici!

Vincent

Je suis…

G1

Tourne la tête en arrière vers Vincent et il pointe toujours le pistolet.

Quoi?

Vincent

Puis-je t'aider?

G1

Quoi?

Vincent

As-tu besoin d'aide?

G1

Vous, putains d'enfants intelligents! Vous pensez que vous avez tout. J'ai travaillé mes tripes pour obtenir toute cette merde. N'ayez pas de putains de parents avec du fric à brûler. C'est à moi et personne ne va me le prendre. Putain non?

Vincent

...Oui

G1

Regardant Thomas et pointant toujours avec le pistolet.

Qu'est-ce que c'est?

Thomas

Oui, d'accord...

G1

Attrape Thomas par le dos de sa chemise et pointe l'arme vers sa tête.

D'accord?

Thomas

D'accord!

G1 pousse Thomas près de l'évier en lui renversant la tête et il tombe inconscient sur le sol. Thomas commence à saigner du côté droit de sa tête. Vincent se dirige vers Thomas.

Vincent

Tom, tu vas bien?

G1

G1 en profite alors pour prendre le dos de son arme et

frappe Vincent au-dessus de la tête avec. Vincent tombe inconscient sur Thomas. Sa tête se met à saigner.

G1 est agité. Il se place devant le lavabo face au miroir puis fixe le sol où les deux frères gisent inconscients. il attrape une cigarette, prend un briquet et se brûle presque. Il fume maintenant désespérément. G1 se regarde dans le miroir et il est extrêmement en colère. Il regarde par la fenêtre à sa droite puis revient vers les deux frères. Il ouvre alors une canette de bière: Tenant Super Lager, la bière préférée des clochards. Il se calme petit à petit.

G1 a eu une autre journée bien remplie. Cela fait une bonne dizaine de minutes qu'il a assommé les deux frères et G1 commence à être très fatigué. Il attrape soudain le pistolet, se retourne derrière lui et entre dans les toilettes. Il a une barre oblique debout. Il est trop fatigué pour bouger. Il s'assied lentement et douloureusement sur le siège des toilettes avec le pistolet dans ses mains et tombe dans une autre transe profonde.

Scène 7: "La Vie de G1 sur le sol".

Le Narrateur

G1 se rend rarement sur le continent. Il passe tout son temps dans l'entrepôt. Il dort dans l'entrepôt. Il fait ce qu'il veut. La maison est son royaume. Personne peut le déranger. Personne ne peut entrer dans son royaume sans son approbation. Il ne rencontre que les gens qu'il veut rencontrer. Il déclenche les événements; ses événements. Il contrôle son propre destin. Quand il a faim, il cherche de la nourriture dans l'entrepôt, comme le ferait n'importe quel insecte. Il le fait comme un insecte; à moitié endormi, à moitié éveillé presque dans un état de transe complète.

Il rampe sur le sol. Il sent le sol et lèche le sol. Quand il voit des araignées ou des cafards, il les écrase avec son coup de poing puis lèche le sol.

Il y a beaucoup à découvrir dans un entrepôt abandonné; quelques vieux meubles, livres, vêtements ou journaux. G1 agit et se sent comme un cafard s'il pense que c'est une autre affaire.

Parfois, G1 a une façon très particulière de se laver. Il gratte la poussière et les démangeaisons occasionnelles et quand il le fait, c'est comme un volcan en éruption: il gratte et gratte sans cesse jusqu'à ce qu'il saigne, jusqu'à ce qu'il n'y ait presque plus de sang.

Le sang attire toujours les rats et quand G1 en voit un, il l'attrape par la queue et fracasse le pauvre diable contre le mur. Puis il le mange. Juste comme ça, criant férocement sur le rat mort.

C'est la vie de G1 dans son propre royaume sur une île déserte.

Scène 8: "La Vitesse de la Lumière"

Le Narrateur

Aujourd'hui, G1 a trouvé une boîte d'ampoules dans la maison. Il est très intrigué et excité comme s'il n'en avait jamais vu. À l'intérieur de ses quartiers d'habitation principaux, les toilettes, il regarde frénétiquement l'une des ampoules. Il fait tourner l'ampoule et encore et encore à l'envers. Il la regarde dans le miroir et se voit dans le miroir tenant l'ampoule. Après quelques secondes, il entre dans une autre rage et jette l'ampoule par terre. Le bruit de l'ampoule cassée est si assourdissant et pourtant G1 semble fasciné par celui-ci. Il en attrape un autre puis le jette par terre. Il marque une pause de quelques secondes afin de profiter de la réverbération du son de la lumière brisée. Le son semble avoir déclenché quelque chose dans son cerveau. Il attrape une autre ampoule puis la jette à nouveau par terre. Il répète l'action avec une autre et une autre jusqu'à ce que la boîte d'ampoules soit enfin vide. G1 n'est pas content. Il gémit, serre ses dents pourries ou ce qui reste et frappe le mur avec ses pieds.

Il cherche maintenant des cigarettes mais n'en trouve aucune. À ce moment-là, il est complètement épuisé. Il retourne aux toilettes, au siège des toilettes à proximité et tombe dans un semi-coma.

G1 a eu une autre journée bien remplie.

Scène 9: "Sex".

G1 est assis sur le siège des toilettes, son pantalon et ses sous-vêtements sont par terre et sa petite amie est assise sur ses genoux avec une petite jupe, révélant presque tout ce qu'il y a en dessous.

G1 est un peu brutal lorsqu'il caresse Jenia. Jenia a du mal à faire face. Elle lui demande de lâcher prise mais G1 refuse et il devient de plus en plus obsédé par ses actions, incapable de répondre ou de lâcher Jenia.

Tournant en rond, tournant latéralement sur le siège des toilettes, G1 bat son plein. Jenia crie encore et G1 répond en conséquence.

G1

Reste immobile! Quel est ton problème?

Finalement, G1 parvient à pénétrer à l'intérieur de l'organe féminin de Jenia, situé sous sa minuscule jupe blanche, couvrant ce qui se passe réellement comme si quelqu'un regardait.

Les jambes de Jenia enjambent l'organe masculin de G1 contre sa volonté, les jambes de G1 sont au milieu et les jambes de Jenia sont sur le côté. Jenia ne peut s'empêcher

de serrer G1, dans ses bras, se sentant incapable de se détacher de la pénétration en cours.

Les cris de G1 sont de plus en plus forts, tout comme ceux de Jenia. Les cris de G1 montent vers l'orgasme et ceux de Jenia vers le désespoir.

Jenia

Tu me fais mal!

G1

Putain, arrête de bouger!

Jenia

Arrête ça!

G1

Je dis stop. Arrête quoi? Viens ici!

Jenia

Nooon....

Dans un moment de faiblesse, G1 lâche Jenia. Jenia saisit le moment pour s'échapper pour être attrapée deux secondes plus tard par G1.

G1 est très en colère. Il essaie alors de se lever et pousse Jenia de côté.

Son T-shirt recouvre son organe masculin. Son pantalon et ses sous-vêtements sont toujours sur ses pieds et il pousse Jenia hors de la cabine vers le couloir. G1 pousse Jenia sur le sol et Jenia se retrouve à moitié consciente, allongée sur le dos.

G1 saute par-dessus son corps et se couche sur elle. L'arrière du G1 est maintenant en plein écran. Cela ne laisse rien à l'imagination: l'avant de son corps, son organe mâle est visiblement entièrement logé à l'intérieur de l'organe de Jenia. G1 pousse de plus en plus profondément à l'intérieur de l'organe de Jenia et maintenant Jenia a repris conscience et essaie désespérément de s'éloigner et plus elle le fait, plus elle amplifie l'excitation de G1.

Jenia

Non…

G1

Va te faire foutre! Fais comme je te dis ou tu finiras comme les deux gosses là-bas…

Avec son pouce droit, G1 montre le mur où il peut voir les deux frères.

Jenia

Jenia regarde le mur mais ne voit personne.

Quels enfants?

G1 croit fermement que les deux frères, Thomas et Vincent sont allongés inconscients sur le sol.

G1

Ces enfants…

Pointant à nouveau le mur.

Jenia

Il n'y a pas d'enfants!

G1

Maintenant je donne les ordres

Jenia

Tu pues!

G1

Ouais juste ce que tu aimes!

Jenia

Tu n'est q'une sous-merde! Tu n'es qu'un vide-ordure!

G1 ressent soudain un profond sentiment de libération. Il se sent complètement épuisé, battu et pourtant il éjacule à l'intérieur de Jenia.

Jenia crie et crie encore plus fort.

Jenia

Cet endroit est comme un cimetière!

Cet endroit est comme un cimetière.

Jenia crie le plus fort possible.

Scène 10: "Sur le Sol"

G1 se lève, attrape son pantalon avec sa main gauche puis il attrape les cheveux de Jenia avec sa main droite. Jenia est toujours allongée sur le sol et est trop terrifiée pour bouger. Elle est ensuite poussée à nouveau à l'intérieur de la cabine des toilettes.

Vu de dos, comme si les murs avaient des yeux et s'ils pouvaient voir le dos de Jenia entrer dans les toilettes; sa petite robe blanche collée plus près de sa poitrine révélerait un un cul plein et arrondi. Cela clarifie ce qui était affiché devant elle pendant que G1 la pénétrait.

Si ses fesses étaient nues, cela signifie que l'organe féminin de Jenia était libre de tout vêtement. La vue lumineuse de son arrière clarifie la situation, juste au cas où les murs auraient des yeux mais pas d'oreilles.

Dès que G1 est assis sur le siège des toilettes avec Jenia sur ses genoux, G1 rejoue dans son esprit la première fois que Jenia est entrée dans les toilettes. Encore vingt minutes d'épreuve atroce pour Jenia, mais de désir et de passion pour G1, jusqu'à ce qu'il soit complètement endormi, laissant Jenia libre de s'enfuir.

Jenia s'enfuit et G1 continue son rêve en croyant

toujours que les deux frères ont été renversés sous l'évier et les frères croient toujours qu'ils ont perdu connaissance.

Scène 11: "Le Meurtre"

Les deux frères assommés par terre sont toujours allongés près du lavabo.

Vincent se réveille et demande à son frère s'il va bien. Il essaie de réveiller son frère.

Vincent

Thomas, Thomas, ça va? Nous devons y aller maintenant!

Tom, réveille-toi!

Thomas a du mal à se réveiller. Il est encore engourdi mais il est emporté par son frère.

Dès qu'ils ont quitté les toilettes et que la porte a été claquée derrière eux, le bruit réveille G1.

G1

Avec un ton désespéré et angoissant dans sa voix.

Hé, reviens, reviens!

G1 poursuit les deux frères dans les escaliers, tirant indistinctement dans le noir, d'étage en étage.

Reviens, reviens!

Les deux frères ne montent pas dans le labyrinthe de l'entrepôt mais descendent vers l'entrée principale.

A mi-chemin de la porte, Vincent laisse soudain Thomas par terre et se précipite à l'étage.

Avec un regard vengeur dans les yeux, déterminé à réaliser ce qu'il s'est fixé, Vincent atteint le haut de l'escalier. Il attrape son briquet pour faire briller une lumière et se guider dans les ténèbres.

Il se cache derrière un mur et G1 se cache derrière un autre. Vincent n'a pas peur, il se sent complètement responsabilisé par une force inconnue soudaine. G1 par contre est pris de panique, mortifié dans cette obscurité totale. Il peut entendre des bruits et sentir une présence, mais même avec une arme à la main, il se sent complètement en insécurité et piégé dans une situation impossible.

En une fraction de seconde, les deux se rencontrent. Le briquet de Vincent brûle le visage de G1.

G1 laisse tomber son arme et tombe par terre. Vincent trouve l'arme et il l'utilise pour tuer G1. Tout est fini. G1 a été abattu.

Il est allongé sur le sol sur le dos.

Scène 12: L'évasion

G1 est libre de retourner dans les cieux, tandis que Vincent est libre d'aller chercher son frère, de quitter cet entrepôt effrayant et désespéré; descend les escaliers ventre à terre, cinq étages plus bas, portant son frère, toujours à moitié inconscient. Ils utilisent un ascenseur bancal et hurlant de style années 1920, pour sortir de la maison, sortir vers la liberté et retourner au port, au pays des vivants.

Scène 13: "Au Port"

Thomas et Vincent sont dans les toilettes du port maritime en train de se laver les mains et la figure.

Ils fixent tous les deux l'immense miroir devant eux pendant quelques minutes, se demandant si tout était réel.

Scène 14: « Que s'est-il vraiment passé?

Les deux frères sont assis sur le ferry en attendant de partir.

Vincent

A quelle vitesse le vent souffle-t-il alors?

Thomas

Aussi vite que « cela» peut, aussi vite que la vitesse de la lumière

Vincent

Tu as raison sur une chose cependant

Thomas

Quoi?

Vincent

Tout peut arriver à la vitesse de l'éclair d'été, à la vitesse de la lumière. Je ne sais plus s'il s'est passé quelque chose.

Thomas

Que s'est-il passé? Je peux encore le sentir mais je ne m'en souviens pas. Je peux, mais je ne sais pas comment c'est arrivé. Tout est dans les vagues.

Vincent

Ce n'est pas dans ton livre?

Thomas

Non...

Le ferry a quitté l'île. Ils sont maintenant dans la mer et Vincent et Thomas poursuivent leur conversation.

Vincent

Mais tu n'es même plus contusionné...

Thomas

Non, c'est parti...

Vincent

Ton sang 'est' parti

Thomas

Oui. À peu près, juste une trace

Vincent

C'est comme si des millions de choses se passaient dans cette maison. Je ne sais pas laquelle est réelle et laquelle ne l'est pas et laquelle nous avons réellement vu...

Thomas

Alors que s'est-il passé?

Toute l'histoire défile soudain devant leurs yeux. Toute à l'intérieur de la maison, sur la mer et à l'envers.

Était-ce un rêve? Si oui, comment se fait-il que tout semble si réel? Thomas a été blessé et saigné, c'est réel.

Thomas peut toujours « le voir » et « le sentir », mais l'histoire est partie. Autant en emporte le vent en voyage vers une île mystérieuse où se trouve une maison habitée par un homme qui croit avoir une petite amie appelée Jenia et un partenaire dans le crime appelé G2.

Scène 15: Epilogue

Le Narrateur

Il existe de nombreuses origines à la vitesse de la lumière. Certains ont fait valoir qu'elle est déclenchée par une force inconnue et supérieure quelque part dans l'espace lointain. Cette force a créé la lumière et la lumière à son tour a créé les planètes et la vie telle que nous la connaissons.

Tout se passe à la vitesse de la lumière, à la vitesse de l'éclair d'été, en un instant, à l'intérieur d'une nanoseconde.

Nous pensons qu'elle est lente, que la vie déclenchée par la vitesse de la lumière se déplace comme un escargot glissant sur l'herbe. Mais en termes réels, ce n'est pas le cas. Tout bouge en un instant, si vite que la lumière joue des tours à nos yeux. On peut croire qu'un événement s'est produit, qu'on a vu quelque chose, qu'on a vécu une nouvelle aventure mais en réalité c'est seulement la lumière qui a créé notre propre illusion, le divertissement.

Thomas et Vincent sont deux frères. Un jour, ils décident de s'enfuir d'un foyer brisé. Ils débarquent sur une petite île au large de la côte sud de l'Angleterre pour échapper à leur réalité actuelle.

Sur l'île, ils découvrent un immense entrepôt abandonné et ils sont en route pour l'explorer avec seulement un briquet.

G1 est un petit escroc qui vit dans les toilettes d'un entrepôt abandonné. G1 a une petite amie ou pense l'avoir. Il rêve qu'elle lui rend visite de temps en temps.

Jenia, son amie a passé la majeure partie de sa vie à vivre dans un lotissement londonien.

G1 travaille occasionnellement, il saute sur le ferry vers le continent pour voler tout ce qu'il peut. G1 a la trentaine et a un grave problème de drogue. Il a un ami, Kid ou G2, un petit escroc qui apparaît parfois dans son histoire. Contrairement à G1, G2 n'a pas de problème de drogue.

Les deux frères arrivent dans l'entrepôt un été et y restent jusqu'au petit matin du lendemain.

Épuisés après une longue, frénétique et effrayante quête d'aventure du sous-sol au dernier étage, ils s'endorment dans les escaliers. Plus tard, ils se heurtent à G1. A partir de là, le cauchemar commence. Les deux frères sont retenus en otage toute la nuit dans une épreuve violente et sanglante. Au matin, le jeune frère se transforme d'un enfant terrifié en un tueur féroce et vengeur et prend le contrôle de la situation.

Ils parviennent à s'échapper; Thomas est grièvement blessé mais vivant laissant G1 mort derrière.

Parallèlement à l'histoire, Thomas, le frère aîné est obsédé par un roman de science-fiction intitulé « La Vitesse de la Vie » et passe le plus clair de son temps à raconter et à raconter le contenu à son frère.

« Rien n'est plus rapide que la lumière: elle voyage à 300 000 kilomètres par seconde! La lumière de la lune nous parvient en une seconde environ.

La lumière est une onde électromagnétique. Son spectre s'étend de l'infrarouge, une longueur d'onde plus longue que la lumière visible, jusqu'à la région des rayons X. La seule plage de lumière visible par l'œil humain est très petite: des longueurs d'onde comprises entre 700 et 400 nanomètres environ – du rouge à l'ultraviolet. Si nous permettons à la lumière de tomber sur un prisme, nous pouvons regarder à travers la lumière et voir le spectre des couleurs. Nous pouvons réunir la lumière rouge, verte et bleue. Notre cerveau considère le mélange comme une « lumière blanche ». C'est la base de la technologie d'affichage.

Que s'est-il passé? Que s'est-il vraiment passé? Était-ce un rêve ou un cauchemar? Que faut-il croire, retenir?

Y a-t-il quelque chose à croire?

Tout se passe à la vitesse de la lumière, à la vitesse de l'éclair d'été, en un instant, à l'intérieur d'une nanoseconde en un milliardième de seconde.

Il existe une corrélation évidente entre les vagues dans

les océans et la vitesse de la lumière: tout est dans l'intensité, la force et la détermination de l'action.

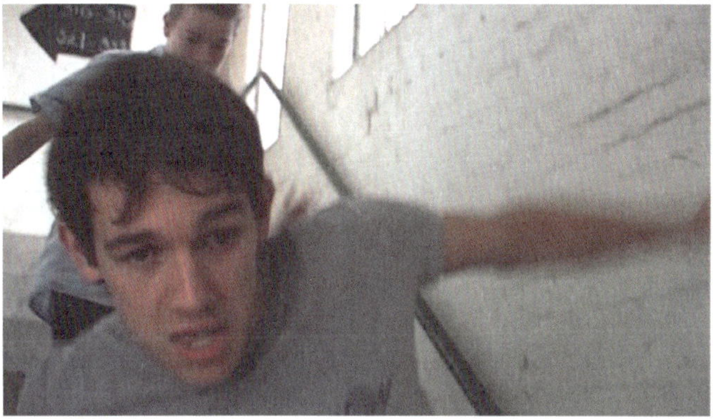

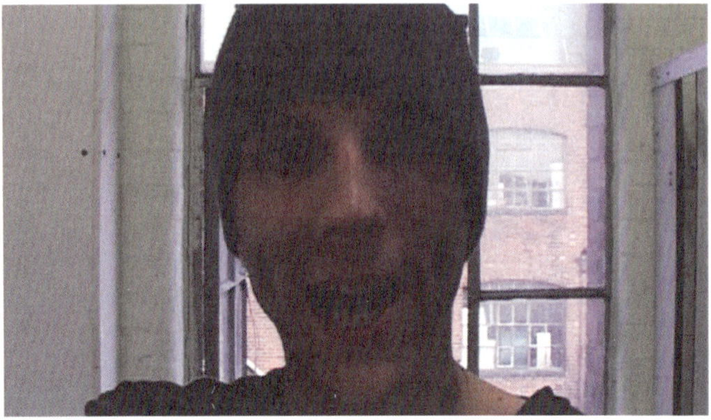

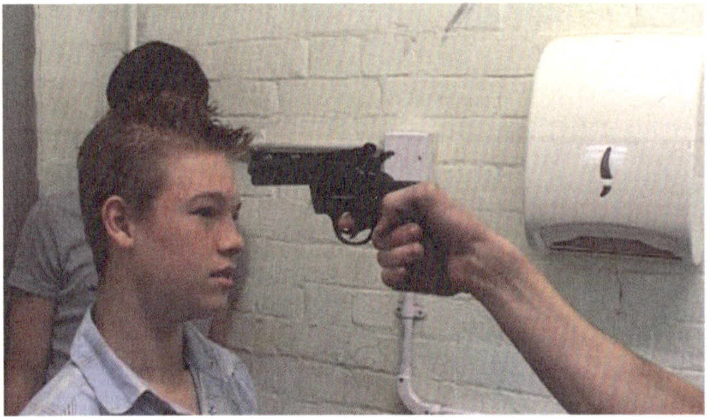

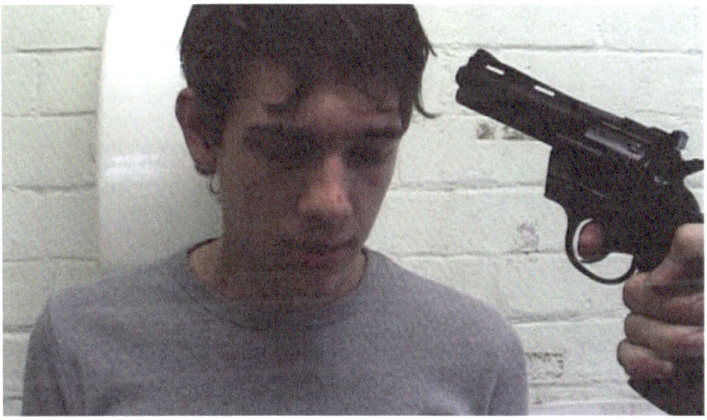

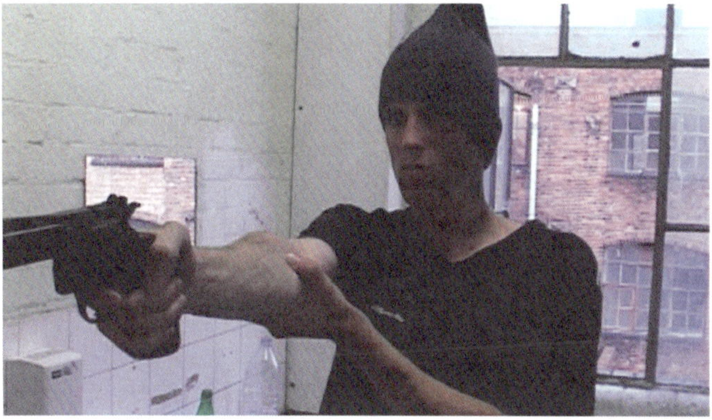

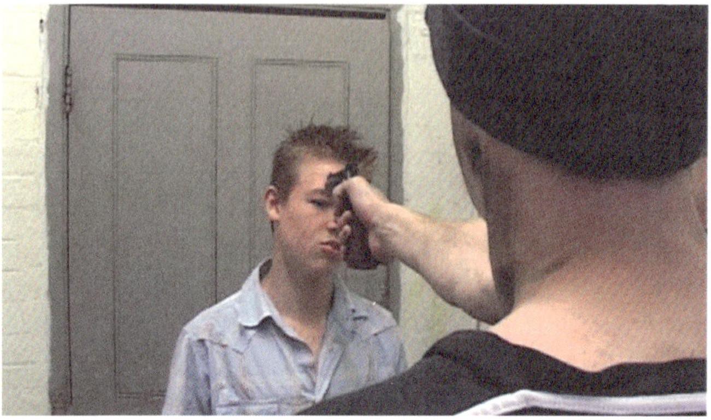

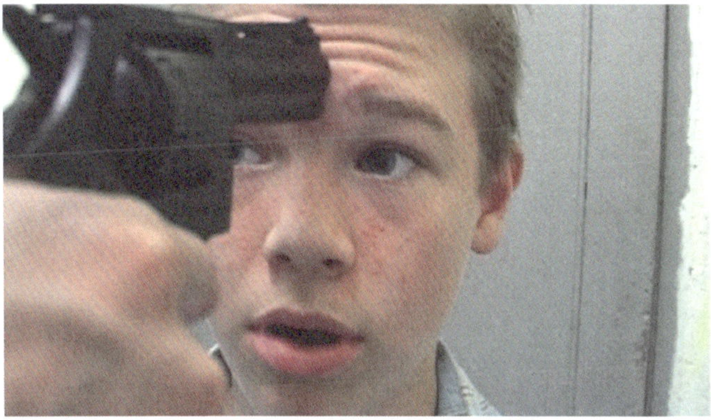

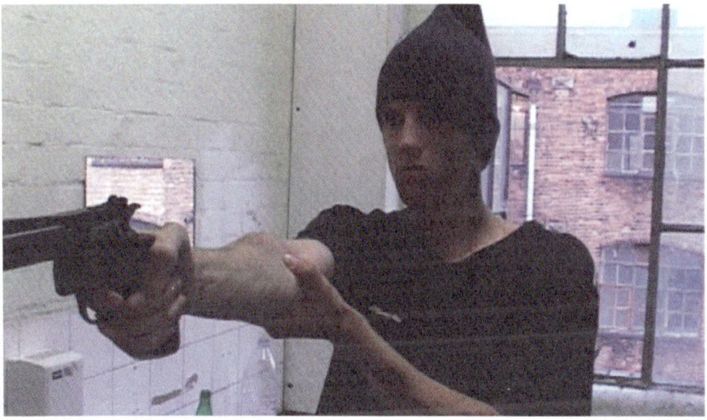

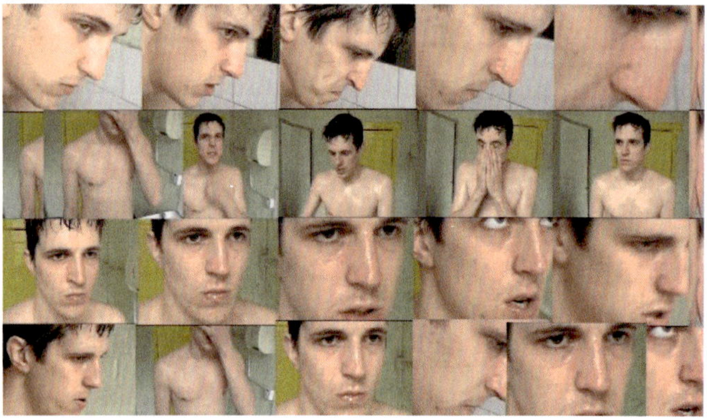

978-1-7374850-4-9

Publié sous forme de livre de poche par AnotherClip.fr

Made in United States
Orlando, FL
05 November 2026

90241457R00043